Lukas John

SiRNA als Ansatzpunkt zur Entwicklung neuartiger Therapeutika

Mechanismus und Übersicht des aktuellen Standes

GRIN Verlag

Bibliografische Information der Deutschen Nationalbibliothek:

Die Deutsche Bibliothek verzeichnet diese Publikation in der Deutschen National-
bibliografie; detaillierte bibliografische Daten sind im Internet über http://dnb.d-
nb.de/ abrufbar.

Impressum:

Copyright © 2010 GRIN Verlag GmbH
Druck und Bindung: Books on Demand GmbH, Norderstedt Germany
ISBN: 978-3-640-90032-9

Dieses Buch bei GRIN:

http://www.grin.com/de/e-book/170787/sirna-als-ansatzpunkt-zur-entwicklung-
neuartiger-therapeutika

SiRNA als Ansatzpunkt zur Entwicklung neuartiger Therapeutika

Eine Übersicht von Lukas John

Inhaltsverzeichnis

„*Zuerst ein paar Anmerkungen. Erstens, die ganze Geschichte des Gene-Stummschaltens zu erzählen wäre eine Mammutaufgabe, für die man viele Jahre schreiben müsste und die Sie nächtelang aufbleiben lassen würde. Deswegen werde ich die Geschichte mehr als ein bisschen abkürzen. Zweitens sind wir, wie Sie sehen werden, erst in der Dämmerung unseres Wissens. Sehen Sie deswegen das Folgende bitte als vorläufig an, das Beste, was wir bis hierhin schaffen konnten*"

Andrew Z. Fire, Nobelpreisträger für Physiologie und Medizin 2006 in seiner Rede vor dem Nobelpreiskomitee[1]

1. Einleitung

Seit der Entdeckung der modernen Genetik war es immer ein Traum der Forscher, bestimmte Gene spezifisch und ohne Nebenwirkungen beeinflussen zu können, ein Traum der nach der Entzifferung des menschlichen Genoms und der Entdeckung der darin vorhandenen Onkogene nichts an Aktualität verloren hat. In der heutigen Zeit, in der viele Erkrankungen wie Krebs, Herz-Kreislauferkrankungen oder Demenz noch immer oft nur unzureichend behandelt werden können, und verschiedene Infektionskrankheiten sogar wieder auf dem Vormarsch sind,[2] ist es wichtiger als jemals zuvor komplett neuartige Therapeutika zu finden. Heutige Medikamente wirken in aller Regel, indem sie in den Stoffwechsel oder in Signalsysteme des Körpers eingreifen und damit Vorgänge auf der Ebene der Proteine oder Rezeptoren beeinflussen.[3] Damit lässt sich zwar schon eine weite Reihe von Effekten erzielen, aber die grundlegende genetische Steuereinheit der Zelle, die Nukleinsäuren im Zellkern, bleiben weitgehend unangetastet. Dabei ließe sich gerade hier, aufgrund dieser Steuerrolle, die größte Vielfalt an möglichen Effekten erzielen. Eine komplett neue Klasse von Therapeutika könnte sich diese Rolle zu Nutze machen, um ganz neue und effektivere Arten der Krankheitsbekämpfung zu erschließen. Dabei besäßen sie gleichzeitig den Vorteil, dass sie sich mit nur wenigen Modifikationen am grundlegenden System gegen viele verschiedene Krankheiten einsetzen ließen und man nicht für jede Krankheit ein völlig neues Arzneimittel entwickeln müsste.[3]

Als Hoffnungsträger hierfür galt lange die Gentherapie, bei der durch Viren fremde Gene ins Wirtsgenom übertragen werden und dort Krankheiten heilen, indem sie neue Gene einführen oder die Expression von bereits vorhandenen verändern. Aufgrund von vielen Problemen, die von unerwarteten Immunantworten bis hin zur Aktivierung von krebsauslösenden Genen, so genannten Onkogenen, durch unkontrollierte Integration in das Wirtsgenom reichen[4], konnte dieser Therapieansatz allerdings die in ihn gesteckten Erwartungen bisher noch nicht erfüllen. Von daher wird er wohl noch auf absehbare Zeit lediglich Zukunftsmusik bleiben.

Den Durchbruch erlebt momentan ein anderer Ansatz, für dessen Entdeckung im Jahr 2006 Craig Mellow und Andrew Z. Fire den Nobelpreis erhielten[5], die so genannte RNA-Interferenz mithilfe von „short-interfering-RNAs (siRNAs). Dabei ist es möglich, durch Applikation von kurzer, doppelsträngiger RNA gezielt die aus dem Zellkern kommende messenger RNA (mRNA) in der Zelle zu zerstören. Damit kann die Transkription aus dem Genom zum jeweiligen Protein gezielt unterbrochen, und so Einfluss auf die Konzentration bestimmter Proteine genommen werden. Im Gegensatz zur klassischen Gentherapie bietet dieses Verfahren viele Vorteile. So ist zum Beispiel keine nicht mehr rückgängig machbare Integration verabreichter DNA ins eigentliche Genom notwendig, wodurch man ungewollte Nebenwirkungen, wie zum Beispiel Leukämie,[3,4] vermeidet. Diese mögliche Anwendung der RNA-Interferenz zur Krankheitsbekämpfung wurde zuerst an mit Hepatitis infizierten Mäusen nachgewiesen. So schützte die Zugabe einer bestimmten siRNA diese Mäuse gegen Leber-Fibrose, eine Folgeerscheinung der Hepatitis.[6] Schon 2004, nur 6 Jahre nach der Entdeckung der RNA-Interferenz begannen die ersten klinischen Tests für ein Medikament auf siRNA-Basis. Mittlerweile werden schon verschiedene weitere Medikamente gegen eine Reihe von Krankheiten, die von Atemwegserkrankungen bis AIDS reichen, auf siRNA-Basis entwickelt, wobei das eigentliche Potenzial nach wie vor nicht ausgeschöpft ist.[7]

Aber wird die RNA-Interferenz tatsächlich eine Revolution in der Krankheitsbekämpfung einläuten oder wird sie, ähnlich wie die Gentherapie in ihren Kinderschuhen stecken bleiben?

In der folgenden Facharbeit will ich unter Einbeziehung eigener Ergebnisse erläutern, wie die RNA-Interferenz funktioniert und diskutieren was für ein Potenzial bei der Bekämpfung von verschiedenen Krankheiten in ihr zu sehen sein könnte. Dabei möchte ich zuerst auf den grundlegenden Mechanismus und danach auch auf Probleme eingehen, die einem breiten Einsatz nach wie vor im Wege stehen, und mögliche, derzeit diskutierte Lösungsvorschläge aufzeigen.

2 RNA-Interferenz in der Zelle

2.1 Die Entdeckung der RNA-Interferenz

Die RNA-Interferenz wurde als erstes in Pflanzen entdeckt, denen man zusätzliche mRNA Kopien für einen Blütenfarbstoff einbrachte. Anstatt dadurch aber noch mehr Farbstoff zu bilden und sich noch mehr zu färben, bleichten die behandelten Pflanzen aus, ein Phänomen das sich damals niemand erklären konnte[5]. Später stießen Wissenschaftler um Craig Mellow und Andrew Z. Fire bei Versuchen mit Fadenwürmern auf ein ähnliches Phänomen. Die beiden experimentierten mit so genannter antisense-RNA, mit der sie spezifische Gene ausschalten konnten. Allerdings zeigten auch Würmer, die als Kontrolle mit zusätzlichen mRNA-Kopien (sense-RNA) behandelt worden waren, dieselben Reaktionen. Fire und Mellow postulierten daraufhin, dass weder die sense- noch die antisense-RNA für das Ausschalten der Gene und damit für die Reaktion der Würmer verantwortlich war, sondern eine dritte Form von RNA, die bei beiden als Verunreinigung vorkam, nämlich doppelsträngige RNA (dsRNA). In einer Reihe von bahnbrechenden Versuchen konnten sie diese Vermutung beweisen und gleichzeitig ein Modell für den dahinter stehenden Mechanismus aufstellen.[1,5] So stellt dieses „Genstummschalten" letztlich eine enzymatische Reaktion auf doppelsträngige RNA dar. Den zugrunde liegenden Mechanismus tauften die beiden „RNA-Interferenz". In der Folge konnte diese auch bei vielen anderen Eukaryoten wie Pflanzen, Pilzen und Einzellern nachgewiesen werden.[7] Die weitere Aufklärung der Wirkungsweise erlaubte es dann Forschern um den Deutschen Thomas Tuschl, dieses Phänomen auch bei Säugetieren nachzuweisen.[11] Tatsächlich gibt es nur wenige Eukaryoten, denen die typischen Enzyme für eine RNA-Interferenz Antwort auf dsRNA fehlen.[5]

2.2 Die Rolle der RNA-Interferenz in der Zelle

Die weite Verbreitung der RNA-Interferenz, und die Tatsache dass Knock-out-Mutationen, die die verantwortlichen Enzyme deaktivieren, oft letal sind, lassen darauf schließen, dass die RNA-Interferenz eine wichtige Rolle bei für die Zelle überlebenswichtigen Prozessen spielt. Ursprünglich wurde in ihr eine urtümliche, aber effiziente Strategie zur Bekämpfung von Viren gesehen, von denen die meisten während ihres Lebenszyklus in einer Form mit doppelsträngiger RNA vorliegen. RNA-Interferenz kann dann dafür sorgen, dass die viralen Gene nicht mehr abgelesen werden und das Virus sich nicht mehr vermehren kann. Bei höheren Organismen sorgen zwar komplexere Mechanismen für die Virusabwehr, aber auch sie brauchen die RNA-Interferenz, um so genannte „springende" Gene in Schach zu halten. Das sind „Schmarotzer"-Gene, die sich im Erbgut eingenistet haben und sich von Zeit zu Zeit an andere Stellen kopieren. Das tun viele über eine dsRNA Zwischenstufe, was es der RNA-Interferenz erlaubt, regulierend einzugreifen. Dadurch wird ein Ausufern der Kopien verhindert. Erstaunlicherweise stellte sich aber heraus, dass Zellen den gleichen Mechanismus auch nutzen, um ihre eigenen Gene zu regulieren. Dabei existieren im Erbgut Pläne für so genannte Mikro-RNAs (miRNAs), die so aufgebaut sind, dass ihr vorderer und hinterer Teil komplementär sind. Dadurch können sie Haarnadelstrukturen mit doppelsträngiger RNA bilden, die wie körperfremde dsRNA behandelt werden und so die Expression körpereigener Gene kontrollieren können. Es wurde sogar nachgewiesen, dass derartige miRNAs eine wichtige Rolle bei Wachstums- und Entwicklungsvorgängen spielen. [5,8]

2.3 Der Mechanismus der RNA-Interferenz

2.3.1 Dicer und die Spaltung von dsRNA in siRNAs

RNA-Interferenz tritt auf, wenn in einer Zelle lange, doppelsträngige RNA auftaucht. Da diese in der Zelle normalerweise nicht vorkommt, wird sie von Dicer, einer Endonuklease vom RNAse III Typ erkannt und in 19 Basenpaare (bp) lange Duplexe geschnitten, wobei sich auf jeder 3' Seite jeweils ein 2 bp langer Überhang befindet, sodass die Gesamtlänge eines Stranges 21 bp beträgt. Diese so aufgebauten RNA-Duplexe werden als „small" oder „short interfering"-RNAs (siRNAs) bezeichnet. [4,10] (siehe Abbildung 1 (1)). Bei Säugetierzellen existiert Dicer zwar auch, dort führt allerdings eine unspezifische Interferonantwort auf lange dsRNA zur Apoptose der Zelle, bevor RNA-Interferenz nachgewiesen werden kann. Will man daher RNA-Interferenz in einer Säugetierzelle auslösen, muss die die zugeführte siRNA wie ein Produkt von Dicer gestaltet sein, das heißt ca. 21 bp lang, doppelsträngig und mit 3' Überhängen.[11]

2.3.2 RISC und PTGS

Im nächsten Schritt wird die siRNA von einer Helikase entwunden[9] und einer der beiden Stränge (der so genannte „guide"-Strang) in den RNAi-Effektorkomplex oder RISC (RNA-induced-silencing-complex) eingebaut (Abb.1 (2)). Der begleitende „passenger"- oder „sense"-Strang wird abgetrennt und degradiert (Abb. 1 (3)). Obwohl der Enzymkomplex RISC in verschiedenen Formen beschrieben wurde, gibt es dennoch eine wesentliche Gemeinsamkeit, die in dem Vorkommen eines Proteins aus der Argonaut-Familie oder ihrer Homologe besteht. Dabei wurde nachgewiesen, dass das Protein Argonaute 2 (Ago2) verantwortlich für die Nukleaseaktivität des gesamten Komplexes ist. RISC bindet sich über den „guide"-Strang spezifisch an komplementäre mRNAs. (Abb.1 (4)) Wird dabei eine genügende Übereinstimmung zwischen „guide"-Strang und mRNA erreicht, wobei die ersten 10 Nukleotide vom 5' Ende des „guide"-Stranges besonders kritisch sind, kann Ago2 diese zerschneiden. (Abb.1 (6)) Dabei erfolgt der Schnitt zwischen dem 10. und 11. Nukleotid vom 5' Ende des „guide"-Strangs.[12] Nach dem Schnitt löst sich RISC von der mRNA um sich weitere, identische mRNAs zu suchen und diese zu spalten (Abb.1 (7)), während die geschnittene mRNA, der jetzt die schützenden Endkappen fehlen, rasch von anderen Endonukleasen abgebaut wird.[13] Dieser Vorgang wiederholt sich so lange, bis die siRNA unter eine therapeutisch wirksame Konzentration verdünnt ist, was in sich schnell teilenden Zellen nach 3-7 Tagen der Fall ist, während es in sich nicht mehr teilenden Zellen mehrere Wochen dauern kann.[14]

Besteht nur eine teilweise Homologie zwischen „guide-Strang" und mRNA und bestehen die Basenpaarungen größtenteils außerhalb der ersten 10 Nukeotide, so kann RISC sich an die mRNA binden, diese aber nicht zerschneiden. (Abb.1 (5)) Die Bindung führt dann ebenfalls zu einer Inhibition der Translation und damit langfristig auch zu einem Abbau der mRNA, aber jeder RISC kann nur jeweils eine mRNA blockieren, was diese Art der Wirkung gegenüber der vorher beschriebenen deutlich ineffektiver macht. In beiden Fällen wird aber die Translation einer spezifischen mRNA vermindert, was zu einem Rückgang des von ihr codierten Proteins in der Zelle führt.

Da beide Mechanismen die Genexpression erst durch nachträglichen Abbau der mRNA beeinflussen, werden sie zusammengefasst auch als „post-transcriptional gene silencing" (PTGS) bezeichnet. [4,7,15]

2.3.3 RITS und TGS

Zusätzlich zum oben beschriebenen PTGS kann RNA-Interferenz die Konzentration von mRNAs im Cytoplasma auch über „transcriptional gene silencing" (TGS), ein direktes Stummschalten von Genen durch Inhibition der Transkription im Nukleus kontrollieren. Obwohl der genaue Mechanismus bei Säugetieren noch kaum verstanden ist, vermutet man, dass dabei mit siRNA beladene Ago-Proteine (beim Menschen Ago1 und Ago2 [16]) in einem „RNA-induced-transcriptional-silencing-complex" (RITS) direkt an den Chromosomen die Entstehung von mRNA unterdrücken.[17]

Überraschenderweise wurde kürzlich auch entdeckt, dass siRNA, die sich gegen Promotoren auf der DNA richtet, sich unter Umständen sogar fördernd auf die Genexpression auswirken kann. Die Tatsache, dass man sich diese Reaktion noch nicht erklären kann, spricht dafür dass der zugrunde liegende Mechanismus nach wie vor nicht verstanden ist. [18]

2.3.4 miRNAs und ihre Rolle bei der RNA-Interferenz

Wie oben schon erwähnt, wird der Mechanismus der RNA-Interferenz auch natürlicherweise von der Zelle genutzt, um Gene zu regulieren. Lange wurde geglaubt dass die so genannte „junk"-DNA, die nicht für Proteine codiert, aber dennoch mehr als 90% des menschlichen Genoms ausmacht, lediglich „Schrott", und eigentlich entbehrlich sei. Kürzlich wurde aber herausgefunden dass ein großer Teil davon in Wahrheit für so genannte „mikro-RNAs" (miRNAs) codiert, die wichtige regulatorische Aufgaben wahrnehmen und sogar für die hohe Komplexität von Eukaryoten verantwortlich gemacht werden. [8]

Wie sich zeigte bilden die Primärtranskripte von miRNAs (pri-miRNAs) von sich aus Haarnadelstrukturen mit dsRNA, (Abb.1 (8)) die in drei Schritten zu einer reifen miRNA verarbeitet werden. Zuerst schneidet noch im Zellkern das Enzym Drosha einen Teil der pri-miRNA ab und bildet dadurch eine ca. 60 bp lange „precursor-miRNA" (pre-miRNA), die nach wie vor eine Haarnadelstruktur aufweist. (Abb.1 (9)) Anschließend wird diese pre-miRNA durch das Protein Exportin-5 in das Cytoplasma gebracht (Abb.1 (10)), wo sie von Dicer erkannt und in die auch für siRNAs typischen 21 bp langen Fragmente gespalten wird. (Abb.1 (11)) Diese verhalten sich genau wie siRNAs, werden in RISC und RITS eingebaut, und tragen so zur Genregulation bei. Abgesehen von der Herkunft ist der hauptsächliche Unterschied zwischen miRNAs und siRNAs ihre Beeinflussung der Wirkungsweise des RISC-Komplexes. Während künstlich synthetisierte siRNA normalerweise perfekt an eine Zielsequenz angepasst ist und deshalb zu einer Spaltung der betreffenden mRNA führt, wirken miRNAs aufgrund ihrer geringeren Spezifität zumindest bei Tieren vor allem über die unspezifischere Inhibition der Translation und der Transkription. [13,19]

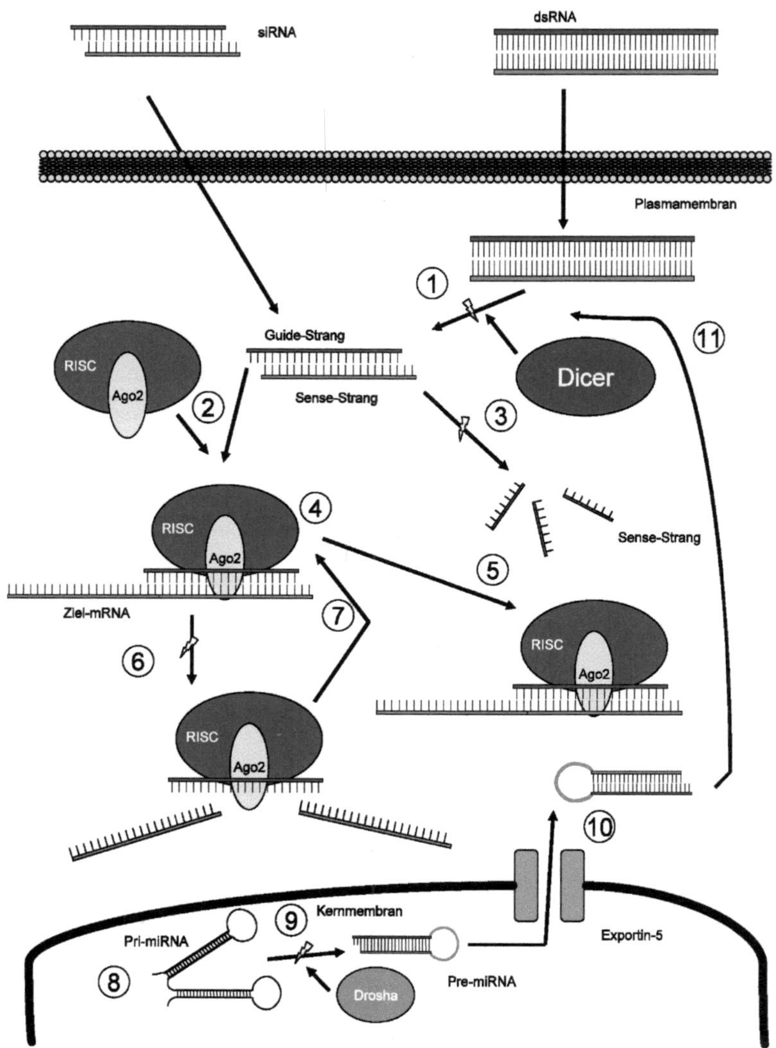

(**Abb.1:** Der Mechanismus der RNA-Interferenz (nach [26])

(1) Dicer schneidet lange dsRNAs in kürzere Fragmente. Diese werden von RISC aufgenommen (2), wobei der „sense"-Strang verworfen und abgebaut wird (3). Der „guide"-Strang wird von RISC als Matrize benutzt um komplementäre mRNAs zu erkennen (4) und diese entweder zu blockieren (5) oder zu spalten (6). Wird die mRNA gespalten, so kann RISC sich weitere mRNAs suchen und den Vorgang wiederholen (7). Im Zellkern verarbeitet das Enzym Drosha pri-miRNAs (8) zu pre-mRNAs (9). Diese werden ins Cytoplasma exportiert (10) und dort von Dicer zu siRNAs weiterverarbeitet (11).

2.4 Kriterien für die Effizienz von siRNAs

Verschiedene siRNAs, die gegen dieselbe mRNA gerichtet sind, zeigen, abhängig von ihrer Sequenz eine Inhibition des Zielgens zwischen 0% und beinahe 100%. Bei der Frage danach, welche Eigenschaften einer siRNA dafür verantwortlich sind stießen Forscher durch die Entschlüsselung des zugrunde liegenden Mechanismus auf verschiedene Kriterien, die eine siRNA erfüllen muss, um einen effektiven Knock-Down zu gewährleisten. [4]

Der erste und wichtigste Schritt, den eine in die Zelle eingebrachte siRNA bestehen muss, ist der Einbau in den RISC-Komplex. Grundsätzlich bestehen dafür zwei Möglichkeiten: RISC kann entweder den erwünschten „antisense"-Strang, der komplementär zur Ziel-RNA ist oder den unerwünschten „sense-Strang" laden. Dabei wird in der Praxis jeweils einer der beiden Stränge bevorzugt, im Normalfall derjenige mit der geringeren thermodynamischen Stabilität am 5'-Ende. Da diese hauptsächlich vom Anteil der Guanin/Cytosin Nukleotide abhängt, ergibt sich daraus die einfache Regel, deren Gehalt am 5'-Ende des gewünschten „guide"-Stranges möglichst gering zu halten, um ihm zur Aufnahme zu verhelfen. Einige Studien ergaben außerdem Hinweise darauf, dass es auch Präferenzen für bestimmte Nukleotide an spezifischen Positionen gibt.[7,20,21]

Aber selbst wenn die siRNAs schon im RISC-Komplex eingebaut sind, können sie sich dennoch als unwirksam erweisen, wenn die Ziel-mRNA durch intramolekulare Faltungen die Anlagerung von RISC behindert. Aus demselben Grund sollten auch bekannte Bindungsstellen für Proteine an der mRNA vermieden werden, da die Proteine die Basenpaarung zwischen RISC und der mRNA verhindern können.[4,7,22]

Mittlerweile gibt es mehrere Computerprogramme, die aus der gegebenen Sequenz eines Gens oder einer mRNA effektive Sequenzen für siRNAs bestimmen können.[21] Derart effektive siRNAs sind Vorraussetzungen für eine mögliche Therapie, da es nur so möglich ist, den Abbau nicht erwünschter mRNA im Rahmen eines spezifischen „off-target"-Effekts, zum Beispiel durch Verwendung des falschen Stranges zu verhindern. Außerdem erlaubt eine effizientere siRNA geringere Konzentrationen, womit zusätzlich allgemeine Nebenwirkungen verringert werden können.

3 Versuch zur Stummschaltung von ROCK-1 in humanen Nierenzellen

3.1 Übersicht über Rho-Kinase 1

ROCK-1 – Rho-Kinase 1 -, mit der sich dieses Praktikum befasst, ist eine der beiden sehr ähnlichen Rho-Kinasen in der Zelle, die über oder zusätzlich zu ihren Auswirkungen auf die Aktinorganisation eine weite Reihe von zellulären Prozessen, über Kontraktion, Beweglichkeit und Vermehrung bis hin zur Apoptose steuern.

Rho-Kinasen haben verschiedene Substrate, wobei die meisten, wie zum Beispiel die 20kD-myosin light chain (MLC), CPI-17, oder die Myosin Light Chain Phosphatase (MLPC) eine Schlüsselrolle bei der Kontraktion glatter Muskeln wie zum Beispiel in Blutgefäßen spielen. Rho-Kinase trägt damit jeweils zur Kontraktion, also bei Blutgefäßen zur Gefäßverengung bei (siehe Abbildung 2).

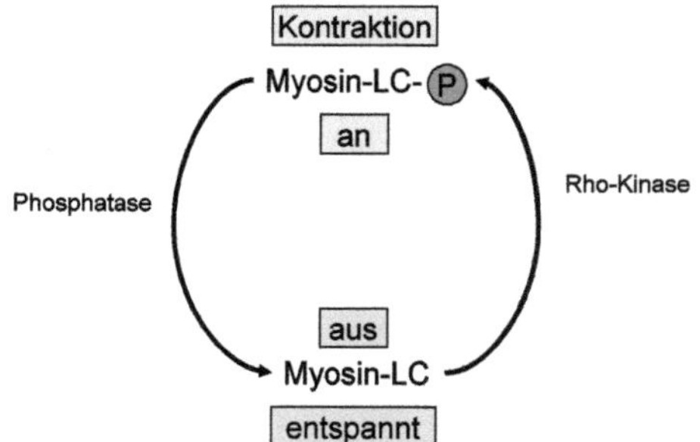

Abb. 2: Rho-Kinase und die Aktivierung von MLC
MLC ist die Untereinheit von Myosin, die die Aktivität von Myosin regelt. Im phosphoryliertem Zustand bewirkt MLC eine Gefäßverengung (nach [23])

So ist es nicht weiter überraschend, dass die abnormale Aktivierung von Rho-Kinasen mit vielen kardiovaskulären Krankheiten, insbesondere Hypertonie (sowohl arteriell als auch pulmonal) und Arteriosklerose in Verbindung gebracht wird.[24] Interessanterweise hat sich dabei herausgestellt, dass einige der positiven Effekte von Statinen, die zur Behandlung von Hypercholesterinämie und damit assoziierter Arteriosklerose eingesetzt werden, zumindest teilweise auf einer Inhibierung von Rho-Kinasen beruhen.[25] Alternativ ließen sich Rho-Kinasen allerdings auch „inhibieren", indem man mit Hilfe von siRNA ihre Konzentration in den betreffenden Zellen herunterfährt. So könnte siRNA gegen ROCK-1 eines Tages als Medikament bei kardiovaskulären Krankheiten eingesetzt werden. Vorraussetzung dafür wäre, dass sich die Konzentration, und damit auch die Aktivität von Rho-Kinasen in menschlichen Zellen mithilfe von siRNA regeln lässt, was im folgenden Versuch gezeigt werden soll.

3.2 Methoden

Um zu untersuchen, ob es grundsätzlich möglich ist, den Gehalt von Rho-Kinasen mithilfe von RNA-Interferenz zu kontrollieren, wurde eine Humane Nierenzelllinie (HKC-8 Klon 11) verwendet, um die Entwicklung des ROCK-1 Gehalts in menschlichen Zellen als Antwort auf anti-ROCK-1-siRNA zu beobachten. Dazu wurden die Zellen verschiedenen siRNA Konzentrationen ausgesetzt und der Gehalt an ROCK-1 nach 48 Stunden mithilfe einer Immunfluoreszenzanalyse gemessen.

Transfektion mit siRNA

Zuerst wurden HKC-8 Klon11 Zellen zum Aussähen vorbereitet. Dazu wurden die Zellen mit 3ml Trypsin von einem Schälchen gelöst, nach 3 min bei 37°C abgesaugt und in 7 ml Nährmedium aufgespült. Daraufhin wurde das Tube 5 min zentrifugiert, das überschüssige Medium abgegossen und das Zell-Pellet zuerst in 2 ml und dann noch einmal in zusätzlichen 8 ml Nährmedium aufgespült. Mithilfe einer Zellkammer wurde die Zelldichte in der resultierenden Suspension bestimmt. Die abgezählten Zellen wurden mit Medium auf 1ml verdünnt und auf 5cm Petrischalen ausgesät. Danach wurden weitere 0,9ml Medium dazu gegeben. Die Zellen wurden 3 Stunden bei 37°C stehen gelassen und anschließend transfiziert. Dazu wurde die entsprechende siRNA mit D0-Medium und dem Transfektionsreagenz HiPerFect zusammenpipettiert, gevortext, und nach 10 min Inkubationszeit auf die Zellen verteilt.

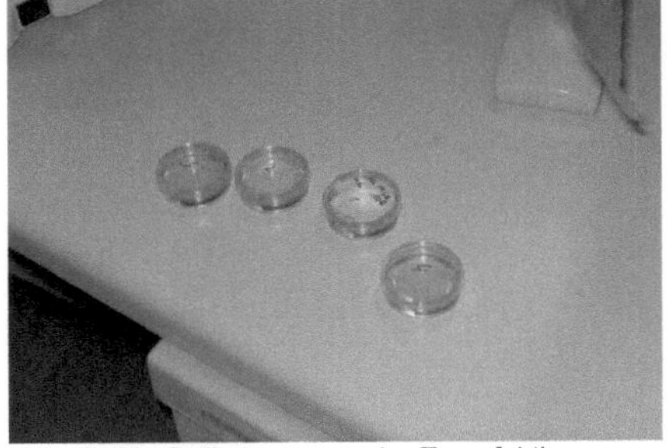

Abb. 3: Die Zellkulturen vor der Transfektion

Danach wurden die Zellen 48 Stunden bei 37° C und 5% CO_2 gelagert. Neben einer Negativkontrolle ohne siRNA wurde eine weitere Negativkontrolle mit anti-Luciferase siRNA benutzt, um die Spezifität der siRNA für ein bestimmtes Protein zu überprüfen. Luciferase ist ein Protein, das in der menschlichen Zelle normalerweise nicht vorkommt. Folglich dürfte die siRNA gegen Luciferase keinerlei Auswirkungen auf die normale Genexpression haben. Gemessene Effekte dieser siRNA müssen folglich als so genannte „off-target"-Effekte erklärt werden.

Proben-Nr.	Name	D0	siRNA(20µM)	HiPerFect
1	Kontrolle	94 µl	0 µl	6µl
2	Luci-Kontrolle	93 µl	1 µl	6µl
3	ROCK1 10nM	93 µl	1 µl	6µl
4	ROCK1 5nM	93,5 µl	0,5 µl	6µl

Zelllyse

Zur Zelllyse wurde zunächst das Medium abgesaugt und die Schalen einmal mit gekühltem PBS gewaschen. Ab diesem Zeitpunkt wurde die restliche Lyse auf Eis durchgeführt.

In jede Schale wurden 60µl eines Lysepuffers aus 500µl Kralewski-Puffer, 20µl Proteasehemmer und 10µl Natriumvanadat gegeben. Daraufhin wurden die Zellen 10 min stehen gelassen und anschließend abgeschabt und in ein Eppendorfgefäß überführt. Zur Entfernung von Zelltrümmern wurde das Lysat 10 min bei 4°C und 12000g zentrifugiert und der Überstand in ein neues Eppendorfgefäß abpipettiert. Das fertige Lysat wurde bei -5°C gelagert.

BCA Proteinbestimmung

Um die Konzentration der Proteine in diesem Lysat zu bestimmen, wurde eine Proteinbestimmung mithilfe der BCA-Methode gemacht. Zunächst wurde ein Standard hergestellt, für den bovines Albumin mit 10-fach in Wasser verdünntem Lysepuffer wie folgt verdünnt wurde:

Albumin	Lysepuffer	Proteinkonzentration
0µl	50µl	0µg/ml
5µl	95µl	50µg/ml
10µl	90µl	100µg/ml
15µl	85µl	150µg/ml
20µl	80µl	200µg/ml
40µl	60µl	400µg/ml
80µl	20µl	800µg/ml

Von den zu bestimmenden Proben wurden 5µl für die Proteinbestimmung benutzt, jeweils mit 45µl H$_2$O verdünnt und davon jeweils 10µl auf zwei wells einer 96-well Platte angeordnet. Dann wurden Reagenz A (Bicinchoninsäure Lösung) und Reagenz B (Kupfer(II)-sulfat Lösung) im Verhältnis 50:1 gemischt und auf jedes well 200µl gegeben. Die Platte wurde anschließend 30min bei 37°C inkubiert und dann die Absorbtion bei 562nm an einem Perkin-Elmer Fotometer gemessen. Dabei wurde die

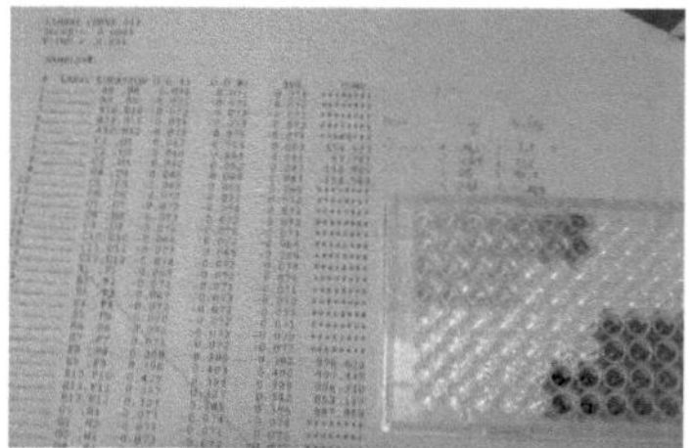

Abb. 4: BCA-Proteinbestimmung mit

erste Standardprobe zur Nullwerteinstellung genutzt und aus den resultierenden zwei Ergebnissen jeweils der Mittelwert errechnet.

SDS-Page

Mit den Ergebnissen der Proteinbestimmung wurden von jeder Probe jeweils 20µg aufgetragen. Diese wurden zuerst mit 7µl Rotilood 4x Probenpuffer versetzt, 10min bei 95°C gekocht, kurz abzentrifugiert und dann auf das Gel aufgetragen, das dann bei 120V und 25 mA ca. 1½ Stunden laufen gelassen wurde. Als Randproben wurden Reste der Probe 1 und als Standard 5µl PageRuler, Prestained Protein Ladder von Fermenta verwendet.
Für diesen Versuch wurde ein 8%iges Gel benutzt.

<u>8%iges Trenngel (Mengen für 4 Gele)</u>

Acrylamid/Bis 30%	12ml
TRIS 3M pH8,9	5,6ml
SDS 10%	0,45ml
H_2O	27ml
TEMED	67,5µl
APS 10%	225µl

Abb. 5: Gelelektrophorese beim Laufen

<u>Sammelgel (Mengen für 4 Gele)</u>

Acrylamid/Bis 30%	2ml
TRIS 1M pH6,	7,2ml
SDS 10%	160µl
H_2O	11,7ml
TEMED	24µl
APS 10%	200µl

Die Gele wurden vorher gegossen und verpackt in feuchten Tüchern gelagert.
Der Laufpuffer wurde immer frisch aus einem 10x Stockpuffer angesetzt.

Western Blot

Das Gel wurde eine Stunde bei 25V und 60mA auf eine PVDF Membran geblottet. Dazu wurde Blotpuffer mit 20% Methanol angesetzt. Die Membran wurde zunächst in Methanol aktiviert und dann wie auch die Whatman paper in den Blotpuffer gegeben.
Der Blot wurde wie folgt aufgebaut:

> 3 in Puffer getränkte Whatman paper
>
> PVDF-Membran (zuerst in Methanol, dann in Blotpuffer getränkt)
>
> Gel
>
> 3 in Puffer getränkte Whatman paper

Beim Aufbau des Blots wurde darauf geachtet, dass möglichst alle Luftblasen entfernt wurden, da sonst an diesen Stellen nicht geblottet wird. Nach einer Stunde wurde der Blot abgebaut und das Gel wurde zur Färbung in Coomassie-Lösung gegeben.

Die Membran wurde zunächst kurz mit TBS/T gewaschen und dann eine Stunde lang bei Raumtemperatur mit Rotiblock blockiert. Daraufhin wurde sie noch zweimal kurz mit TBS/T gewaschen und dann im Kühlschrank bei 4°C über Nacht mit Antikörpern (Verdünnung 1:2000) gegen ROCK-1 inkubiert.

Am nächsten Morgen wurde die Membran 3 x 5 min mit TBS/T gewaschen und 45 Minuten bei Raumtemperatur mit an Horseradish-Peroxidase

Abb. 6: Inkubation mit Sekundärantikörpern

gekoppelten α-rabbit Sekundärantikörpern (1:10000 in TBS/T) inkubiert. Daraufhin wurde erneut 3 x 5 min mit TBS/T und 1 x 5 min mit TBS gewaschen.

Zur Detektion wurde ECL Plus von Amersham Biosciences gemäß der Beschreibung gemischt (1ml Lösung A; 25 µl Lösung B) und auf die Membran gegeben. Dabei wurde darauf geachtet dass die Membran gleichmäßig bedeckt war. Die Membran wurde 5 min im Dunkeln inkubiert und nach der Hälfte der Zeit gewendet um eine gleichmäßige Verteilung auf beide Seiten zu gewährleisten. Dann wurde die Lösung abgetropft und die Membran zwischen zwei Plastikfolien gelegt. Am Lumi-Imager wurde die Lichtemission über 10 min gemessen und das resultierende Bild anschließend mit AIDA zur besseren Deutlichkeit und zur Auswertung bearbeitet.

Um einen Beweis für die gleichmäßige Verteilung des Proteins auf den einzelnen Bahnen zu haben wurde außerdem ein Tubulin-Standard gemacht.

Tubulin-Standard

Nach dem Aufnehmen wurde die Membran noch einmal kurz mit TBS/T gewaschen und dann 75 min mit α-Tubulin Antikörpern *(1:2000)* inkubiert. Danach wurde sie wieder 3 x 5 min mit TBS/T gewaschen und anschließend 45 min mit an Horseradish-Peroxidase gekoppelte α-mouse Sekundärantikörpern inkubiert. Daraufhin wurde die Membran erneut 3 x 5 min mit TBS/T und 1 x 5 min in TBS gewaschen. Zur Detektion wurde diesmal (wegen dem aufgrund der Menge ohnehin stärkeren Signals von Tubulin) selbst hergestelltes ECL (2 ml Lösung A; 20µl Lösung B; 0,6 µl H_2O_2) verteilt auf die Membran gegeben und diese wiederum 5 min im Dunkeln inkubiert. Wie beim ersten Mal wurde die Membran dann nach 2½ min umgedreht um eine gleichmäßige Verteilung zu gewährleisten. Das Signal wurde am Lumi-Imager über 3 min aufgenommen und zur besseren Erkennung und zur Auswertung wiederum mit AIDA bearbeitet.

3.3 Ergebnisse

Tubulin

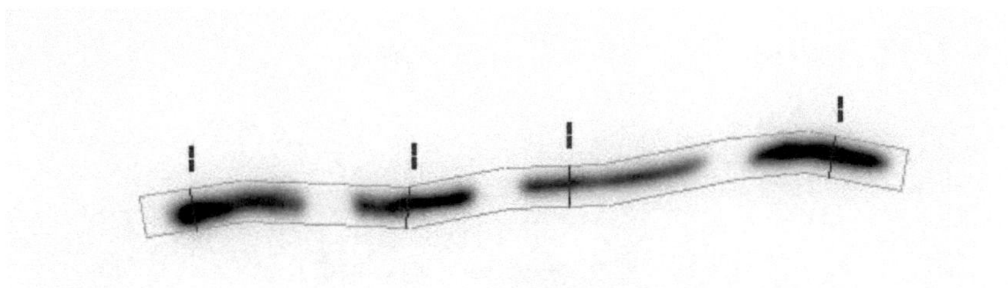

Abb.7: Western-Blot gegen Tubulin

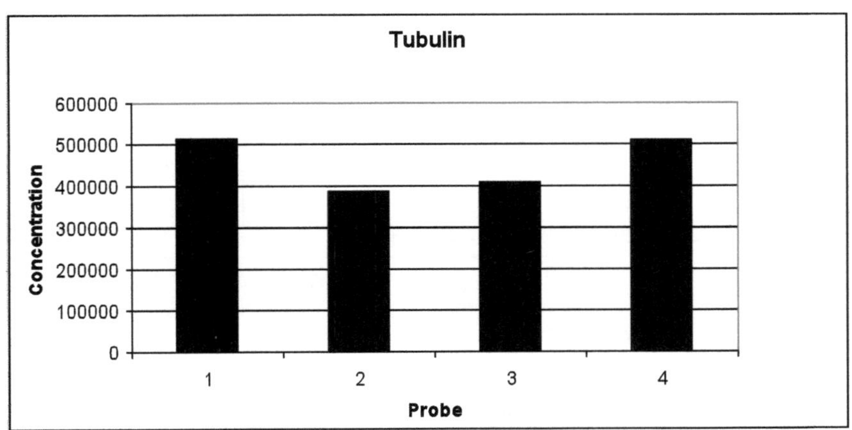

Abb. 8: Konzentration von Tubulin auf den jeweiligen Bahnen

Am Tubulinstandard lässt sich erkennen, dass die Bahnen abgesehen von einem leicht geringeren Auftrag in den Bahnen 2 und 3 relativ gleichmäßig beladen wurden, das heißt die beobachteten Abweichungen im Gehalt von ROCK-1 in den Proben lassen sich nicht mit einer unterschiedlichen Proteinmenge in den einzelnen Bahnen erklären. Um die geringen Abweichungen auf den Bahnen 2 und 3 auszugleichen werden für die Evaluation im Folgenden nicht die absoluten Werte der Konzentration von ROCK-1 angenommen, sondern das Verhältnis der Konzentration von ROCK-1 zur Konzentration des Standardproteins Tubulin.

ROCK-1

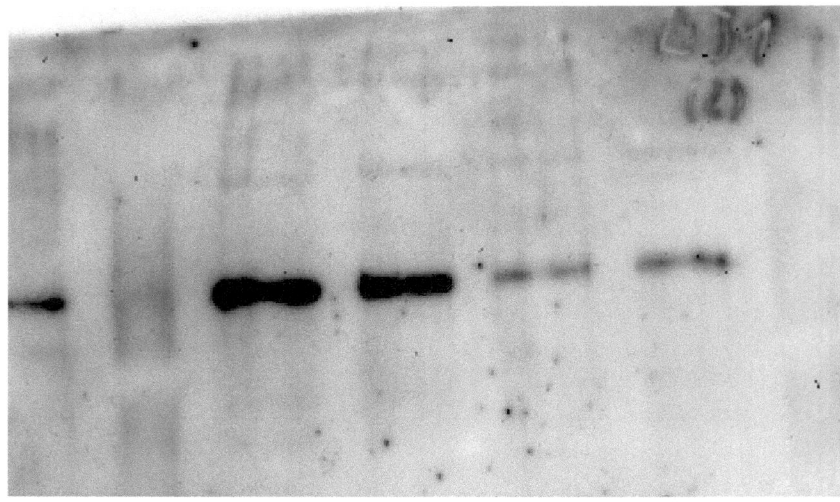

Rand	Marker	Negativ-Kontrolle (1)	Luci-Kontrolle (2)	α-ROCK-1 10nM (3)	α-ROCK-1 5nM (4)	Marker

Abb. 9: Western-Blot gegen ROCK-1

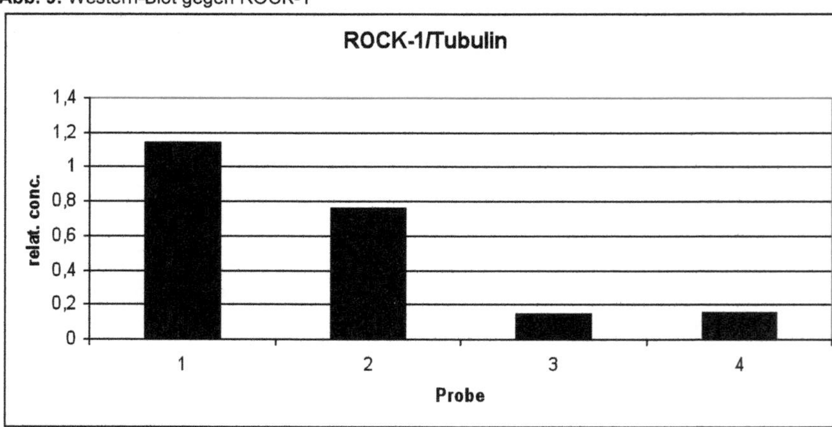

Abb. 10: Konzentration von ROCK-1 gegenüber dem Standardprotein Tubulin auf den jeweiligen Bahnen

3.4 Diskussion der Ergebnisse

Wie sich an dem Diagramm sehr gut erkennen lässt, ist die Konzentration von ROCK-1 in den beiden mit anti-ROCK-1 siRNA behandelten Proben sowohl gegenüber der Negativkontrolle als auch gegenüber der anti-Luciferase Kontrolle stark erniedrigt. Da alle anderen Bedingungen sonst gleich waren folgt daraus, dass die zugegebene siRNA in der Lage war die Expression von ROCK-1 in den betreffenden Zellen größtenteils zu unterbinden und die absolute Menge an ROCK-1 dadurch zu erniedrigen. Es zeigt sich auch, dass siRNA schon in kleinsten Konzentrationen von nur 5nM in der Lage sind, die Genexpression fast vollständig zu unterbinden. Dadurch nimmt auch die Konzentration des betreffenden Proteins ab. Eine höhere Konzentration von siRNA führt zu einem vermehrten off-target Effekt, wie sich an der anti-Luciferase Kontrolle erkennen lässt, bei der die ROCK-1 Konzentrationen im Vergleich zur Negativkontrolle ebenfalls leicht erniedrigt sind. Man kann allerdings auch erkennen, dass dieser Effekt lange nicht so stark ist, wie bei der spezifischen α-ROCK-1 siRNA. Bei einer möglichen therapeutischen Anwendung sollten aber möglichst niedrige Dosen verwendet werden, um einen derartigen Effekt zu vermeiden. Ansonsten könnten falsche Proteine beeinflusst werden und unerwünschte Nebenwirkungen auftreten.

Zusammengefasst zeigt dieser Versuch, dass es grundsätzlich möglich ist in menschlichen Zellen durch Zugabe von siRNA in kleinsten Konzentrationen den Gehalt von ROCK-1 herunter zu regeln.

4 Diskussion des potentiellen Nutzens von siRNA bei der Behandlung von Krankheiten

4.1 Vorteile von Medikamenten auf siRNA-Basis

Der große Vorteil von siRNAs ist, dass man mit ihnen, wie im obigen Versuch gezeigt wurde, sehr spezifisch die Expression fast jeden Gens unterbinden kann. Dadurch sind sie ein potentiell sehr attraktives Werkzeug, das neuartige Therapeutika nutzen könnten, um gegen eine weite Reihe von Krankheiten vorzugehen, die auf der Überexpression von bestimmten Genen beruhen. Als potentielle Ziele bieten sich daher vor allem die großen Bereiche Krebs,

Autoimmunkrankheiten, dominante Erbkrankheiten und nicht zuletzt virale Infektionen an, alles Bereiche, gegen die herkömmliche Medikamente bisher oft nicht sehr effektiv wirken.[13] Mit siRNA-basierten Therapeutika wäre es möglich, alle diese Krankheiten mit demselben Ansatz zu behandeln, womit die Medizin auf einen Schlag ein ganzes Arsenal von Arzneimitteln an der Hand hätte. Der Vorteil von siRNA gegenüber einer klassischen Gentherapie liegt dabei darin, dass dabei keine nicht mehr rückgängig machbare Integration von DNA in das Genom der Zielzelle notwendig ist, wodurch die Therapie beim Auftreten von Nebenwirkungen sofort abgebrochen werden kann und auch die ungewollte Aktivierung von Onkogenen vermieden wird. Da siRNAs im Gegensatz zu anderen Medikamenten im Idealfall auch sehr spezifisch nur genau ein Protein ausschalten, wäre es zusätzlich möglich, Therapien mit weniger Nebenwirkungen zu gestalten. [3]

4.2 Probleme und ihre Lösungsansätze bei der Entwicklung von Medikamenten auf siRNA-Basis

4.2.1 Die Frage des Einschleusens

Das Hauptproblem, das momentan den großflächigen Einsatz von siRNA in der Krankheitsbekämpfung verhindert, besteht darin, die siRNA in ausreichender Konzentration in die Zielzelle einzuschleusen. Da die meisten Gewebe nur über den Umweg des Blutkreislaufs erreicht werden können, muss eine direkt applizierte siRNA viele Hindernisse überwinden, bevor sie von der Zielzelle aufgenommen werden kann. Anders als bei in vitro Experimenten wie im obigen Versuch hat die siRNA in vivo mehrere Hürden zu überwinden. Gleich nach der Injektion muss sie im Blut Nierenfiltration, Aufnahme durch Phagozyten, Verklumpung mit Serum-Proteinen und nicht zuletzt den Abbau durch Exonukleasen vermeiden. Gleichzeitig muss sie aber in der Lage sein, spezifisch vom Zielgewebe aufgenommen und verarbeitet zu werden, was ebenfalls ein Hindernis darstellt, da RNAs aufgrund ihrer Größe und negativen Ladung normalerweise nur sehr schlecht durch Plasmamembranen diffundieren.[26] Im vorliegenden Versuch wurde dafür ein Transfektionsreagenz benutzt, dass sich aber in dieser Form in vivo nicht verwenden lässt, da es dort toxisch wirkt.

Um diese Schwierigkeiten zu umgehen arbeiten Forscher schon lange an verschiedenen Hilfsmitteln, um siRNAs stabiler, zielgerichteter und leichter aufnahmefähig zu machen. Einer dieser Ansätze besteht zum Beispiel darin, die Nukleinsäuren in so genannten „stable nucleic acid-lipid particles" (SNALPS) zu verpacken (siehe Abb. 11).

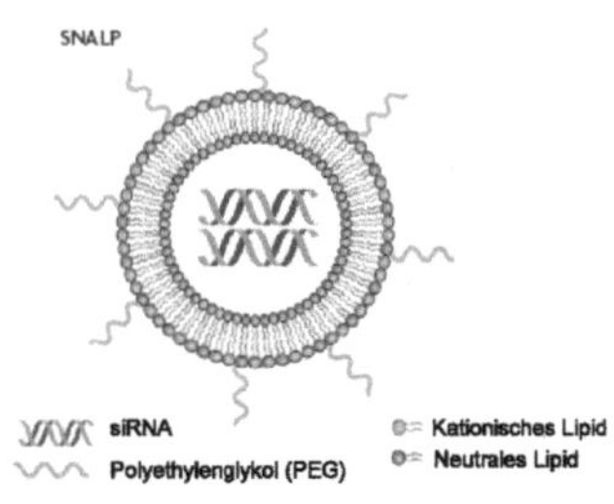

Abb. 11: Aufbau eines SNALP (nach [26])

SNALPs sind Liposomen, die aus einem Gemisch von kationischen und neutralen Lipiden aufgebaut und zur besseren Wasserlöslichkeit zusätzlich mit einer äußeren Schicht Polyethylenglykol (PEG) versehen sind. Die zu applizierende siRNA steckt in der Mitte des Liposoms, wodurch sie vor vorzeitigem Abbau geschützt ist. Zusätzlich hilft das Liposom aber auch, die siRNA durch die Plasmamembran hindurch in die Zelle zu schleusen. In Versuchen mit SNALPs konnte gezeigt werden, dass sich damit zum Beispiel der Cholesterinspiegel von Affen ohne Nebenwirkungen über mehrere Tage senken ließ.[27] Trotz dieses und ähnlicher ermutigenden Ergebnisse gibt es aber nach wie vor Probleme, die den Einsatz von SNALPs momentan verhindern. Einerseits eignen sich SNALPs aufgrund der geringen Zielspezifität bisher fast nur für Ziele in der Leber, wo sie angereichert werden, andererseits zeigten sich in einigen Studien Vergiftungserscheinungen, die wahrscheinlich auf bestimmte Lipide zurückzuführen sind.[28] Obwohl hier noch einige Forschung notwendig ist, bleiben derartige Liposomen aber aussichtsreiche Kandidaten für die Applikation von siRNAs. [29]

Um das Problem der geringen Spezifität zu umgehen, erproben einige Forscher noch andere Methoden, um siRNAs gezielt in bestimmte Zellen einzuschleusen. Als weiterer Kandidat dafür bieten sich Antikörperfragmente, so genannte Fab-Fragmente an (siehe Abb. 12). Dabei werden Teilstücke der schweren Kette eines künstlich hergestellten Antikörpers an das Eiweiß Protamin gebunden, das wiederum aufgrund seiner positiven Ladung mit der negativ geladenen siRNA wechselwirkt. Dadurch bildet sich ein Antikörper-siRNA-Komplex, der durch den Antikörperteil an spezifische Oberflächenproteine binden und die siRNA über Endozytose in die betreffende Zelle schleusen kann.[29,30] Bei Versuchen waren derartige Konjugate in der Lage, sowohl HIV-befallene T-

Lymphozyten, als auch Brustkrebszellen spezifisch zu erkennen und die Expression eines Gens darin zu unterbinden.[31] Mit einem derartigen Ansatz ließe sich nach einem Baukastenprinzip theoretisch jeder beliebige Zelltyp individuell ansteuern, was besonders in der Krebs- und Virentherapie von Vorteil wäre.

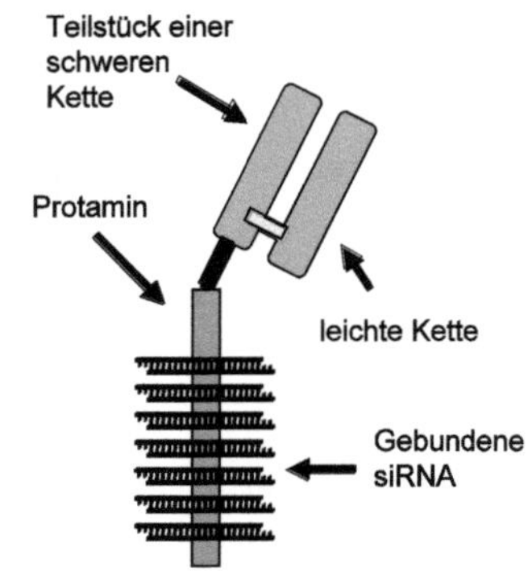

Abb. 12: Fab-Fragment mit gebundener siRNA (nach [30])

4.2.2 Das Problem der intrazellulären Immunantwort

Ursprünglich wurde geglaubt, dass eine intrazelluläre Immunantwort gegen in die Zelle eingebrachte RNA, wie sie gegen lange dsRNA bekannt ist, mit dem direkten Verabreichen der kurzen siRNAs nicht auftritt. Inzwischen wurde aber entdeckt, dass intrazelluläre Rezeptoren, unter ihnen vor allem der Toll-ähnliche-Rezeptor 3 (TLR3) auch kurze RNA-Stücke in der Zelle erkennen und eine intrazelluläre Interferonantwort auslösen können, die sich in Form starker Toxizität bemerkbar machen kann.[32] Ein derartiger, allgemeiner „off-target"-Effekt war wahrscheinlich auch bei meinem Experiment der Grund für die geringere Konzentration von ROCK-1 in der Luciferase-Kontrolle.

Auch zum Umgehen dieses Problems gibt es verschiedene Ansätze. Einerseits lässt sich die Interferonantwort abschwächen, indem man die siRNA chemisch modifiziert. So können zum Beispiel 2'-O-Methylgruppen an bestimmten Nukleotiden die Aktivierung von TLRs vermindern.[33] Andererseits gibt es bestimmte Sequenzmotive, die TLRs besonders stark stimulieren, zum Beispiel 5'–UGUGU–3',[29,34] und die es folglich zu vermeiden gilt. Als ergänzender Ansatz wird auch vorgeschlagen, die Wirksamkeit von siRNAs zu steigern, so dass man geringere Konzentrationen braucht, was die Aktivierung von TLRs verringert. So können zum Beispiel weitere chemische Modifikationen wie 2'-Fluorpyrimidine an der siRNA angebracht werden, um die Resistenz gegen Nukleasen zu erhöhen.[35] Damit wird eine länger anhaltende Wirkung bei geringerer Konzentration erzielt.[13] Alternativ bietet sich auch an, 27 bp lange siRNAs zu benutzen. Da diese zu lang für eine direkte Aufnahme in RISC sind, werden sie als Substrate von Dicer verarbeitet, was offensichtlich wiederum die Aufnahme in den RISC vereinfacht und damit die Effektivität erhöht.[36] Durch Kombination verschiedener Ansätze lässt sich so insgesamt eine deutlich geringe Interferonantwort und damit ein geringerer „off-target"-Effekt erzielen.

Theoretisch ließen sich einige dieser Probleme auch mit einem komplett anderen Ansatz lösen, bei dem siRNA nicht direkt in die Zelle eingeführt wird, sondern stattdessen Viren das Transkript für eine so genannte „short-hairpin RNA" in das Genom einfügen. Diese wird über den zelleigenen miRNA Pfad zu einer siRNA umgewandelt, die dann therapeutisch aktiv werden kann. Da dieser Ansatz aber im Grunde genommen eine Gentherapie mit den damit verbundenen Problemen ist, sollen hier nur die Vor- und Nachteile der direkten Applikation diskutiert werden.

4.3 Aktueller Stand der Entwicklungen von Medikamenten auf siRNA Basis

Obwohl ihre Entdeckung erst kurz zurückliegt, hat die RNA-Interferenz im Eilzug Eingang in die Entwicklung neuer Medikamente gefunden. Dabei befinden sich mehrere Medikamente gegen verschiedene Krankheiten bereits in der Testphase. Das momentan am weitesten fortgeschrittene Medikament mit Phase III Studien ist der Wirkstoff Bevasiranib von Acuity Pharmaceuticals, der sich gegen die altersbedingte Makuladegeneration richtet. Bei dieser Krankheit, die allein in den USA jährlich 1,6 Millionen Menschen betrifft, wachsen hinter der Retina neue Blutgefäße, was langfristig zu nicht mehr reversibler Blindheit führt. Bevasiranib richtet sich gegen VEGF (vascular endothelial growth factor), ein Signalmolekül, das dieses Wachstum stimuliert.[37] Nach anfänglichen Erfolgen mit einem Rückgang in der Neubildung von Gefäßen, sorgte aber kürzlich eine Studie für Aufsehen, die zeigte, dass statt des spezifischen siRNA-Effekts auch eine unspezifische Interferonantwort der Grund für den Rückgang von VEGF gewesen sein könnte.[38] Ein weiteres Beispiel ist ALN-RSV01 von Alnylam, ein Wirkstoff auf Basis von siRNA gegen das die Atemwege befallende Respiratorische Syncytialvirus, der ebenfalls schon in klinischen Phase II Studien getestet wird. Was alle diese Medikamente aber gemeinsam haben, ist die leichte Applizierbarkeit von siRNA in den betreffenden Geweben, wie Augen oder Lungen. SiRNA-Wirkstoffe gegen Krankheiten wie AIDS und Hepatitis gibt es leider deutlich weniger, da hier die Zielgewebe nicht so leicht erreichbar sind. So sind Medikamente für diese Krankheiten auch noch nicht über Phase I Experimente hinausgeschritten.[7]

4.4 Die Frage der Sicherheit

RNA-Interferenz spielt eine wichtige Rolle bei der Regulation der körpereigenen Gene, und es ist unklar was passieren könnte, wenn man in diese Maschinerie eingreift. Einige Studien, bei denen Mäuse unerwartet starben, deuten zumindest an, dass eine Sättigung der zelleigenen miRNA-Maschinerie mit fremder siRNA genauso wie zellinterne Interferonantworten Toxizität hervorrufen kann, die mitunter zum Tod führt.[39] Dies ließe sich zwar mit niedrigeren Dosen vermeiden, aber auch die Langzeitfolgen von Wettbewerb zwischen fremder und zelleigener siRNA um die Aufnahme in RISC sind noch nicht hinreichend erforscht, um hier eine volle Entwarnung aussprechen zu können.[7,40] Ein weiteres Risiko ist die Frage des Gene-Stummschaltens auf der transkriptionellen Ebene. Alle Medikamente, die momentan erforscht werden, sollen lediglich auf der posttranskriptionellen Ebene wirken. Dabei lässt sich aber nicht vorhersagen, was Medikamente auf transkriptioneller Ebene anrichten könnten, da die Mechanismen dieses Vorgangs noch nicht gut genug erforscht sind.[29] Es ist jedoch bekannt, dass miRNAs in der natürlichen Zelle die Expression von bis zu hundert verschiedenen Genen kontrollieren können, so dass selbst kleinste Veränderungen hier große Wirkungen haben könnten.[41] Dieser Punkt ist besonders vor dem Hintergrund wichtig, dass siRNAs auch dazu in der Lage sind, mRNAs und Gene mit nur begrenzter Komplementarität zu regulieren. Zwar ist ein derartiger, spezifischer „off-target"-Effekt noch bei keiner Studie nachgewiesen worden, aber grundsätzlich ist er denkbar und sollte deshalb auch beim Entwurf von siRNAs mit einbezogen werden.

4.5 Die Zukunft der RNA-Interferenz

Die RNA-Interferenz hat sich innerhalb kurzer Zeit von unerforschtem Neuland zu einer Standard-Technologie entwickelt, die weltweit in biologischen Labors für Untersuchungen eingesetzt wird, und an deren Entschlüsselung viele

Forschergruppen in verschiedensten Ländern arbeiten. Nur wenige Jahre nach der Entdeckung des fundamentalen Mechanismus wurde der erste Nobelpreis auf diesem Gebiet verliehen, und es ist nicht auszuschließen, dass weitere folgen werden.[42] Schon kurz nach seiner Entdeckung stellt dieser Mechanismus schon einen Ansatz für die Bekämpfung verschiedenster Krankheiten dar. Dabei sind es nicht nur viele neue Unternehmen, sondern auch alteingesessene Pharmafirmen wie Merck oder Novartis, die sich an der Entwicklung neuartiger Therapeutika auf siRNA-Basis beteiligen. Schon heute ist der Umsatz von siRNA ein Multimillionengeschäft.[7,13]

Trotz Fortschritten bei der Entwicklung von Medikamenten gibt es aber gleichzeitig noch viel an grundlegenden Fragen zu forschen, zum Beispiel am genauen Mechanismus der Wirkung auf der transkriptionellen Ebene. Je mehr wir darüber lernen, desto mehr erfahren wir gleichzeitig über die außergewöhnliche Komplexität dieses Systems und seine biologische Rolle in der Zelle. Umgekehrt helfen uns derartige Erkenntnisse möglicherweise auch bei der Entwicklung von sicheren Formen der Therapie.[29]

5 Zusammenfassung

Der neu entdeckte Mechanismus der RNA-Interferenz erlaubt es erstmals, in Zellen durch Unterbindung der Translation gezielt Einfluss auf die Konzentration beliebiger Proteine zu nehmen. Wird kurze, doppelsträngige RNA (siRNA) in die Zelle eingeführt, aktiviert sie eine Reihe von Enzymen, die zu einem Abbau komplementärer messenger-RNA führen. Dadurch nimmt die Konzentration des betreffenden Proteins ab. Zusätzlich kann RNA-Interferenz auch direkt die Transkription der mRNA hemmen, wodurch ebenfalls weniger Protein entsteht.

Im Versuch der vorliegenden Facharbeit wurde an einem Beispiel gezeigt, dass dieser Mechanismus sehr effektiv und spezifisch ist. Schon kleinste Konzentrationen von siRNA führten zu einem starken Rückgang in der Menge des Ziel-Proteins. Dies war nur bei der siRNA gegen das Ziel-Protein der Fall, siRNA gegen ein anderes Protein zeigte, abgesehen von einem leichten Nebeneffekt, keine Auswirkungen auf die Konzentration dieses Proteins.

Durch diese Fähigkeit, Proteine jeder Art auf Transkriptions- und Translationsebene gezielt zu regulieren, gilt siRNA als aussichtsreicher Kandidat für neuartige Therapeutika, die in geringfügigen Modifikationen gegen eine weite Reihe von Krankheiten eingesetzt werden könnten. Einzelne Medikamente auf dieser Basis sind schon weit fortgeschritten, aber verschiedene Probleme verhindern momentan noch den großflächigen Einsatz. Aktuell werden daher Lösungsansätze erforscht, die dabei helfen sollen, diese Probleme zu umgehen. Damit könnte der Medizin eine neue Klasse von Medikamenten zur Verfügung stehen.

6 Schlussgedanken

Im Rückblick war dieses Projekt für mich eine wirkliche Bereicherung. Allein zu erfahren, wie im Labor gearbeitet wird, war sehr aufschlussreich für mich. Auch die Erfahrung des Drucks, ein Ergebnis zu bekommen, war mir neu. Was mich aber überrascht hat, war, dass die Atmosphäre trotzdem nie angespannt, sondern immer locker und fröhlich war. So war zum Bespiel immer Zeit, um mit Doktoranden „Versuche" zur explosiven Beziehung von „Eppis" (Eppendorf-Röhrchen) und Trockeneis zu machen, was eine Menge Spaß mit sich brachte.

Aber auch mein Thema entpuppte sich als sehr interessant. Hatte ich ursprünglich noch gedacht, RNA-Interferenz sei ein sehr kleines Gebiet mit wenigen Anwendungsmöglichkeiten, so wurde ich durch mein Praktikum und Lektüre schnell eines besseren belehrt. Obwohl die Fülle von Informationen mich am Anfang fast erschlagen hätte, versuchte ich, mich schnell einzuarbeiten und konnte am Ende gar nicht alles unterbringen.

Ich hoffe dennoch, dass ich in dieser Facharbeit einen verständlichen und interessanten Überblick über den Mechanismus der RNA-Interferenz und seine mögliche Anwendung geben konnte.

7 Danksagungen

- **Frau Prof. Dr. rer.nat. Goppelt-Strübe** für die Möglichkeit mein Praktikum und meinen Versuch in ihren Forschungslabors zu machen

- **Frau Goppelt-Strübe, Poldi, Rita, Sven, Chris und den anderen Mitarbeitern** im Labor für die freundliche Atmosphäre während des Praktikums und die Unterstützung bei meinem Versuch

- **Meinem Biologielehrer Herrn Andreas Müller,** für die nicht selbstverständliche Möglichkeit mir ein eigenes Thema auszuwählen

- **Lilli Bomhard,** für die Möglichkeit eine ausgezeichnete Facharbeit zu lesen und mir Anregungen zu holen

- **Meiner Familie,** die mich bei diesem Projekt emotional unterstützte und motivierte (und hin und wieder auch meine schlechte Laune ertragen musste ☺)

8 Literaturverzeichnis

[1] Fire, A.Z. *Nobel Price Acceptance Speech* (2006)

[2] Bloom, B.R. Die Globalisierung der Krankheit.
Spektrum der Wissenschaft (2005) 12:58-65

[3] Langfristige Trends: Medikamente von Übermorgen
http://www.vfa.de/de/forschung/therapienvonmorgen/amf/amf-trends.html
Aufgerufen am 02.01.2010

[4] Ganten, D., Ruckpaul, K. Grundlagen der Molekularen Medizin, Heidelberg,
Springer-Verlag, ³2008 (Buch)

[5] Trageser, G. Maulkorb für Gene.
Spektrum der Wissenschaft (2009) 12:14-16.

[6] Song E, et al. RNA interference targeting Fas protects mice from fulminant
hepatitis.
Nature Med (2003) 9:347–351.

[7] Castanotto, D., Rossi, J.J. The promises and pitfalls of RNA-interference
based therapeutics. (Review)
Nature (2009) 457:426–433.

[8] Mattick, J.S. Das verkannte Genom Programm.
Spektrum der Wissenschaft (2005) 3:62-69.

[9] Schepers,U., Cryns, A., Anheuser, S. RNAi 2005: Rückblick und
Perspektiven. (Review)
Biospektrum (Sonderheft), 508-510.

[10] Almeida R, Allshire RC. RNA silencing and genome regulation. (Review)
Trends Cell Biol (2005) 15:251–258.

[11] Elbashir SM, et al. Duplexes of 21-nucleotide RNAs mediate RNA
interference in cultured mammalian cells.
Nature (2001) 411:494–498.

[12] Meister, G., Landthaler, M., Patkaniowska, A., Dorsett, Y., Teng, G.,
Tuschl, T. Human Argonaute2 mediates RNA cleavage targeted by miRNAs
and siRNAs. *Mol Cell* (2004) 15:185–197.

[13] Kim, D.H., Rossi, J.J. RNAi mechanisms and applications. (Review)
Biotechniques (2008) 44:613-616

[14] Bartlett, D. W. & Davis, M. E. Insights into the kinetics of siRNA-mediated
gene silencing from live-cell and live-animal bioluminescent imaging.
Nucleic Acids Res. (2006) 34:322–333

[15] Dallas, A., Vlassov, A.V., RNAi: A Novel antisense technology and its therapeutic potential.
Med Sci Monit (2006) 12(4): RA67-74

[16] Janowski, B. A. *et al.* Involvement of AGO1 and AGO2 in mammalian transcriptional silencing.
Nature Struct Mol Biol. (2006) 13:787–792

[17] Djupedal, I., Ekwall, K. Epigenetics: heterochromatin meets RNAi. (Review)
Cell Research (2009) 19:282-295

[18] Long-Cheng, L. et al. Small dsRNAs induce transcriptional activation in human cells.
Proc. Natl. Acad. Sci. U.S.A. 103 (46):17337–42

[19] Rossi, J.J., Soifer, H.S., Sætrom, P. Micro-RNAs in disease and potential therapeutic applications. (Review)
Molecular Therapy (2007) 15:2070-2079

[20] Schwarz, D.S., Hutvagner, G., Du, T., Xu, Z., Aronin, N., Zamore P.D. Asymmetry in the assembly of the RNAi enzyme complex.
Cell (2003) 115:199–208.

[21] Li, W., Cha, L. Predicting siRNA efficiency.
Cell Mol Life Sci (2007) 64:1785–1792.

[22] Tafer, H., *et al.* The impact of target site accessibility on the design of effective siRNAs.
Nature Biotechnol (2008) 26:578–583.

[23] Lodish, H., *et al.* Molekulare Zellbiologie, Heidelberg, Spektrum Akademischer Verlag, ⁴2001

[24] Loirand, G., Guérin, P., Pacaud, P. Rho-Kinases in Cardiovascular Physiology and Pathophysiology. (Review)
Circulation Res (2006) 98:322-334

[25] Guilluy, C., *et al.* Inhibition of RhoA/Rho-Kinase pathway is involved in the beneficial effect of sildenafil on pulmonary hypertension.
Br J Pharmacol (2005) 146:1010-1018

[26] Whitehead, K.A., Langer, R., Anderson, D.G. Knocking down barriers: Advances in siRNA delivery. (Review)
Nature Reviews (2008) 8:129-138.

[27] Zimmermann, T. S. *et al.* RNAi-mediated gene silencing in non-human primates.
Nature (2006) 441:111–114.

[28] Lv, H., Zhang, S., Wang, B., Cui, S. & Yan, J. Toxicity of cationic lipids and cationic polymers in gene delivery.
J. Control. Release (2006) 114:100–109.

[29] Kim, D.H., Rossi, J.J. Strategies for silencing human disease using RNA Interference. (Review)
Nature Reviews (2007) 8:173-184.

[30] Jacoby, P. Mit Mini-Torpedos gegen Viren und Krebs. ('Review')
Spektrum der Wissenschaft (2006) 3:16-20.

[31] Song, E. *et al.* Antibody mediated *in vivo* delivery of small interfering RNAs via cell-surface receptors.
Nature Biotechnol (2005) 23:709–717.

[32] Svoboda, P., Off-targeting and other non-specific effects of RNAi experiments in mammalian cells.
Curr Opin Mol Ther (2007) 9:248–257.

[33] Soutschek, J. *et al.* Therapeutic silencing of anendogenous gene by systemic administration of modified siRNAs.
Nature (2004) 432:173–178.

[34] Judge, A.D., et al. Sequence-dependent stimulation of the mammalian innate immune response by synthetic siRNA.
Nature Biotechnology (2005) 23:457–462.

[35] Czauderna, F., *et al.* Structural variations and stabilising modifications of synthetic siRNAs in mammalian cells.
Nucleic Acids Res (2003) 31:2705–2716.

[36] Kim, D.H., Behlke, M.A., Rose, S.D., Chang, M.S., Choi, S., Rossi, J.J. Synthetic dsRNA Dicer substrates enhance RNAi potency and efficacy.
Nature Biotechnol (2005)23:222–226.

[37] Shen, J., et al. Suppression of ocular neovascularization with siRNA targeting VEGF receptor 1.
Gene Ther (2006) 13:225–234.

[38] Kleinman, M.E., et al. Sequence- and target-independent angiogenesis suppression by siRNA via TLR3.
Nature (2008) 452:591–597.

[39] Grimm, D., et al. Fatality in mice due to oversaturation of cellular microRNA/short hairpin RNA pathways.
Nature (2006) 441:537–541.

[40] Castanotto D, et al. Combinatorial delivery of small interfering RNAs reduces RNAi efficacy by selective incorporation into RISC.
Nucleic Acids Res (2007) 35:5154–5164.

[41] Selbach M, et al. Widespread changes in protein synthesis induced by microRNAs.
Nature (2008) 455:58–63.

[42] Breuer, H., Tuschl, T. Der Mann, der die Gene zum Schweigen brachte (Porträt und Interview Thomas Tuschl)
Spektrum der Wissenschaft (2008) 9:46-52

9 Anhang

9.1 Übersicht über die verwendeten Begriffe

Antisense-RNA	RNA, die komplementär zu einer mRNA ist und durch Bindung deren Translation verhindert
„antisense"	komplementär
Apoptose	selbst eingeleiteter, kontrollierter Zelltod
Applikation	Verabreichung
Dicer	Enzym, das für die Spaltung von langen dsRNAs und miRNAs in kürzere Fragmente zuständig ist
Drosha	Enzym, das Pri-miRNAs zu pre-miRNAs spaltet
dsRNA	doppelsträngige RNA
Duplex-RNA	Komplex aus zwei komplementären RNAs
Endonuklease	siehe Nuklease
Exonuklease	siehe Nuklease
Expression	Das Realisieren der Erbinformation in Form eines Proteins
Fab-Fragment	Teilstück einer schweren Antikörper-Kette
Gen	Informationseinheit für ein oder mehrere Proteine
Genom	Gesamtheit der Erbinformation im Zellkern
Gentherapie	Therapieform, bei denen fremde Gene in Zellen eingeführt werden, um diese zu beeinflussen
„guide"-Strang	siRNA Strang, der in den RISC aufgenommen wird und RISC leitet
Hepatitis	Leberentzündung (oft viral bedingt)
Helikase	Enzym, das Nukleinsäuren entwindet
Inhibierung	Hemmung
Interferone	Botenstoffe, die Immunantworten vermitteln

„junk"-DNA	nicht-codierende DNA, DNA die keine Information für Proteine trägt
Knock-down	Vorgang, bei dem die Expression eines Gens unterbunden wird
Knock-out-Mutation	Mutation in einem Gen, die dazu führt dass das codierte Protein nicht mehr funktioniert
Leukämie	Blutkrebs
Liposom	„Kugel" aus einer Lipid-doppelschicht, die innen gefüllt werden kann
mRNA	Boten-RNA, die die im Zellkern gespeicherten Informationen ins Cytoplasma trägt und dort zu Proteinen abgelesen wird
Mikro-RNA	natürliche siRNA, mit der Zellen ihre Genexpression regeln
Nuklease	Enzym, das Nukleinsäuren spaltet
Nukleotid	Baustein der Nukleinsäuren
„off-target"-Effekt	Effekt, bei dem siRNA auch andere Proteine als das abgezielte beeinflusst. Allgemeiner OTE: Beeinflussung durch generelle Interferonantwort auf siRNA Spezieller OTE: Beeinflussung anderer Gene durch komplementäre siRNA
Onkogen	Gen, das eine Rolle bei der Entstehung von Krebs spielt
Phagozyten	Immunzellen, die Fremdkörper erkennen und aufnehmen
Promotor	Region auf der DNA, die die Ableshäufigkeit an der betreffenden Stelle kontrolliert
PTGS	post-transcriptional-gene-silencing, Genstummschalten auf Ebene der Translation
RISC	RNA-induced-silencing-complex, siRNA-Effektor-komplex, der die Spaltung der mRNA katalysiert

RITS	RNA-induced-transcriptional-silencing complex, siRNA-Effektorkomplex, der die Transkription von mRNA verhindert
RNA-Interferenz	Mechanismus, bei dem kurze RNA zum Abbau komplementärer mRNA führt
siRNA	kurze, doppelsträngige RNA, die RNA-Interferenz auslöst und dort als Vorlage dient
Substrat	Zielproteine eines Enzyms
TLRs	Toll-ähnliche-Rezeptoren, Rezeptoren des angeborenen Immunsystems, die fremdes Material erkennen und melden
TGS	transcriptional-gene-silencing, Genstummschalten auf Ebene der Transkription
Translation	Das Ablesen von mRNA zur Herstellung von Proteinen
Transkription	Das Erstellen einer mRNA-Kopie von einem vorliegenden Gen auf DNA-Basis

9.2 Übersicht über das Praktikum

Der Versuch LJ1 wurde während eines Praktikums in den Nephrologischen Forschungslaborslabors der medizinischen Klinik IV an der Universität Erlangen-Nürnberg in der Arbeitsgruppe von Prof. Dr. Goppelt-Strübe durchgeführt. Das Praktikum wurde während den Osterferien 2008 (06.04 – 17.04.09) absolviert. Die Zellen wurden am 14.04. transfiziert und am 16.04. geerntet. Die Inkubation mit den Primärantikörpern erfolgte in der Nacht vom 16.04. zum 17.04. Die erste Auswertung wurde am 17.04. vorgenommen, allerdings aufgrund von Fehlern bei der Sekundärantikörperinkubation verworfen. Die Proteinproben wurden deshalb aufbewahrt und am 27.07.09 ein neuer Auswertungsversuch gestartet. Die beschriebenen Ergebnisse wurden dann am 29.07. erhalten.

9.3 Erläuterungen zu den verwendeten Chemikalien

TBS: Tris-buffered saline (50mM Tris + 150mM NaCl + HCl bis zu einem pH-Wert von 7,6), pH-Puffersubstanz

TBS/T: Tris-buffered saline + Tween 20, pH-Puffersubstanz

Tris: Tris(hydroxymethyl)-aminomethan $((HOCH_2)_3CNH_2$), pH-Puffersubstanz

Tween 20: Polysorbat 20 ($C_{58}H_{114}O_{26}$), Poly(oxy-1,2-ethandiyl)-monododekansäure-sorbitylester, Netzmittel und Emulgator

Coomassie: ($C_{47}H_{50}N_3O_7S_2+$), Färbemittel für Protein

Natriumvanadat: (Na_3VO_4), Proteasehemmer, der durch kompetitiv-reversible Phosphatase- und ATPase-Inhibierung wirkt.

Bicinchoninsäure: 2,2'-Bichinolin-4,4'-dicarbonsäure, $C_{20}H_{12}N_2O_4$, bildet mit einwertigen Cu^{1+} (aus der Reaktion von $CuSO^4$ (Cu^{2+}) und Protein) eine violette Komplexverbindung mit einem Absorptionsmaximum bei 562nm. Da die Absorption von der Gesamtmenge des entstandenen Komplexes und damit von der Menge des Proteins abhängt, kann der Komplex zur Konzentrationsbestimmung von Proteinlösungen benutzt werden.

SDS: Natriumdodecylsulfat, $C_{12}H_{25}NaO_4S$, anionisches Tensid, überdeckt die Eigenladungen von Proteinen, sorgt für eine gleichmäßige Ladungsverteilung und damit für eine Auftrennung von Proteinen im Gel, da die Geschwindigkeit so nur noch von der Größe der Proteine und nicht von deren Ladung abhängt

TEMED: Tetramethylethylendiamin, $C_6H_{16}N_2$, Polymerisationskatalysator

APS: Ammoniumpersulfat, $H_8N_2O_8S_2$, Polymerisationsinitiator

ECL: Enhanced chemiluminescence, Spezifisches Substrat das gemeinsam mit der Horseradish-Peroxidase und H_2O_2 Chemolumineszenz erzeugt, die zur Detektion von kleinsten Proteinmengen verwendet werden kann.

(Quelle: Erklärungen von Mitarbeitern und de.wikipedia.org bzw. en.wikipedia.org)